百年記憶兒童繪本

李東華｜主編

紡車在歌唱

郭姜燕｜文　　肖莉君｜繪

中華教育

五月的延安，和風拂面，處處花香。
我們迎着春光，來到了嘉嶺山下。

這不是我第一次參觀寶塔，但我的心還是怦怦直跳，臉頰因為激動而漲紅發燙，因為寶塔意義非凡，它是延安、是革命的象徵！

帶隊的王老師抹抹眼睛說：「前些日子，日本強盜經常派飛機來轟炸延安和嘉嶺山，但延安寶塔始終屹立不倒。」

我們望着眼前這座高峻挺拔的寶塔，就像看見了一位英勇不屈的戰士，它默默地守衛着我們的土地和人民，從古至今。

王老師又悲憤地說：「日機轟炸時，我們學校的胡老師為保護同學而犧牲了。」

我們噙着眼淚，站在嘉嶺山上俯瞰延安城，只見斷垣殘壁，城內一片瓦礫野草。日本強盜的轟炸，使一座美麗繁華的山城，變成如此淒涼的模樣。

回學校後的好多天，我的耳邊還迴響着王老師朗誦的詩句：「延安有寶塔，巍巍高山上。高聳入雲端，塔尖指方向。」

在學校裏，我們努力地讀書、寫字、做算術、學科學……另一邊，三年級以上的同學都積極地投入生產之中，男生種地，我們女孩子負責紡線。我們始終牢記，「小孩子也能做大事」，盼望着有一天能真正做點「大事」出來。

紡織，是一門新的「課程」。上完文化課以後，
我們將書本收好，面對紡車，感覺十分新鮮。

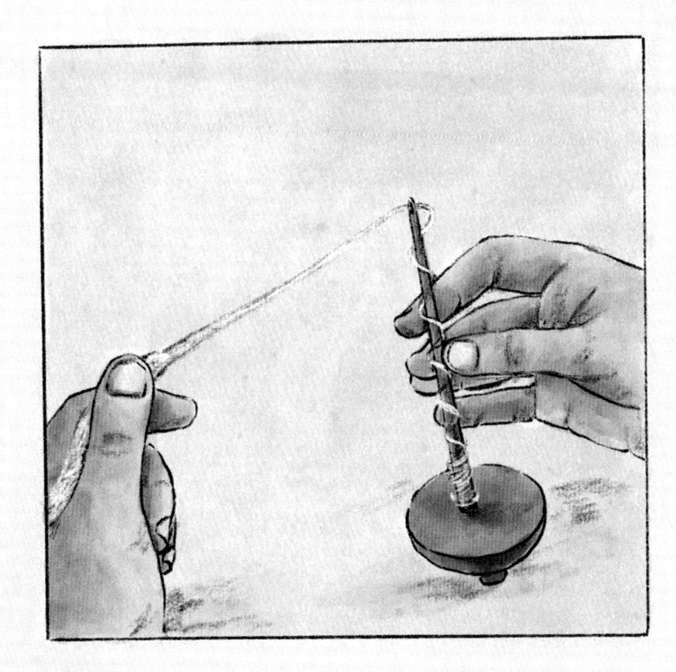

在紡線之前，要先將棉花捻成蓬鬆的棉條。

接着，我們一手拿着棉條，一手將棉線繞在紡車上。紡車是木頭做的，有點像風車，周圍一圈繞着線，轉起來的時候，還會發出「嘎吱嘎吱」或者「咕嚕咕嚕」的聲音。

不同的紡車，長得不一樣，響聲也不一樣呢！

紡線可真不是一件容易的事呀。因為它的節奏很難把握，輔導員演示了好多遍，直到有一半人都學會了，我還沒能熟練掌握。

我又着急又失望，整個人都變得無精打采的。

要知道，我可是想着要成為紡線小能手的！

輔導員手把手地教我，我很快又振作了起來，不停地認真練習，終於能夠熟練地紡線了。

等所有人都學會以後，我們的勞動時間，就全部投入在紡線這項「大事業」上了！

練得勤快，紡得起勁，可時間長了，胳膊便又痠又痛，到了下午，連拿筆寫字都變得很困難。

我喜歡讀書，喜歡學習。

我小心翼翼地寫着字，可胳膊不聽話，一不小心，筆把本子劃破了……這可是來延安之前媽媽送我的筆記本呀！

我懷抱着書本，默默地來到學校附近的菜園子。我們在教員的組織下，經常到這裏勞動。

望着暮色裏的菜地，我傷心地哭了。

這樣低落的心情沒有持續太久，因為，我們有電影看啦！

「要看電影了！」這個消息迅速傳遍了校園，而我，幾乎不敢相信自己的耳朵，直到親眼看見黑板上的大字。

天哪！我和同學拉着手又蹦又跳，對電影期待得不得了！

電影是甚麼樣子的？同學問我，我也不知道，但我相信，那肯定是很厲害、很稀奇的東西！

延安電影團來我校放映電影

時間還沒到，大家已經整整齊齊地坐在了院子裏，一個個伸直了脖子，就像看見蟲了的大白鵝那樣。

電影開始了！我們都驚呆了，幕布上不僅出現了畫面，畫面還會動！

一旁的解說員拿着喇叭為我們解說電影的內容。很快，我們就都沉浸在了電影裏。

這部電影的名字叫《南泥灣》，講的是我們三五九旅在南泥灣開展大生產的故事。戰士們在黨的領導下，用自己的雙手把南泥灣變成了陝北的好江南。

稻子、豆子、玉米在收穫後被垛成一堆又一堆；南瓜、馬鈴薯、蘿蔔堆成了小山；雞成羣，豬滿圈……那一字排開的紡車，飛快地轉動着，一團團的棉花被紡成了線，織成了布，染上了色，最後縫製成漂亮的軍裝。

真希望有一天，我們紡線的畫面也能出現在電影裏。

原來，在我們延安，紡車是作為戰鬥武器使用的！

原來，我們的軍人，不僅會上戰場打仗，還會開荒、種莊稼、種蔬菜、紡羊毛、紡棉花……

「自己動手，豐衣足食」，只有甚麼都會，甚麼都能做，都積極去做，才能粉碎敵人的封鎖，取得真正的勝利、長久的勝利！

時間過得飛快，電影結束時， 大家依舊沉浸其中，久久不願散去。不知是誰，輕聲哼了起來——

「如今的南泥灣，與往年不一般，再不是舊模様，是陝北的好江南……」

有一些同學也跟着他一起唱出了聲——

「學習那南泥灣，處處呀是江南，是江呀南……」

更多的同學和老師加入合唱的隊伍，我也忍不住跟着唱了起來。我們唱了一首又一首，從《五月的鮮花》《在太行山上》一直唱到《保衛黃河》。

黄河在咆哮，黄河在咆哮。
河西山岡萬丈高，河東河北高粱熟了。
萬山叢中，抗日英雄真不少！
青紗帳裏，游擊健兒逞英豪……

我們的歌聲越來越嘹亮，我們的情緒越來越激動。
所有人的聲音匯聚在一起，彷彿在用歌聲回應南泥灣的革命熱情。

回到宿舍，我久久不能平靜。我低下頭，在昏暗的光線中看着自己的手。

它們又黃又粗糙，上面還有紡線時被劃破的傷口。結痂的傷口曾經是我委屈的來源，現在我卻覺得，它們是我奮鬥的勛章。

現在，正是特殊的歲月。讀書，是我的職責；紡線，也同樣是我們肩負的責任。紡車紡出的不僅僅是線，更是艱苦奮鬥的精神，是我們積極生產、不屈不撓的決心！

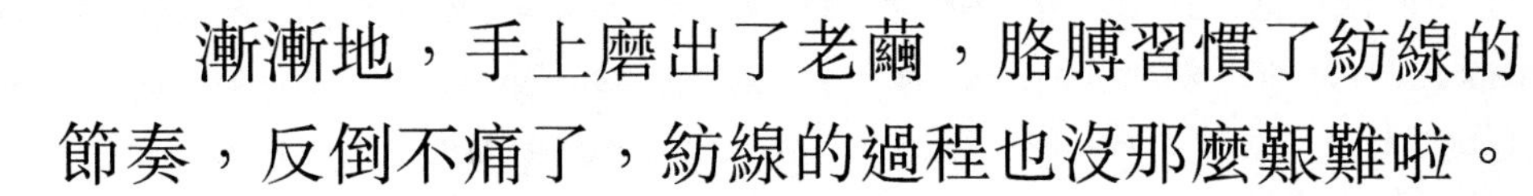

漸漸地，手上磨出了老繭，胳膊習慣了紡線的節奏，反倒不痛了，紡線的過程也沒那麼艱難啦。

在像柳條一樣上下飛舞的絲線中，我們將紡車轉得飛快，彼此還暗暗較起了勁。我不僅是文化課的優秀學生，也是紡線的小能手！

我還當起了小師傅，教新來的同學紡線呢！有的同學太頑皮，把手弄得都是灰土，紡出來的線也變灰了。見到這樣的情景，我就會提醒道：「你希望前線的戰士們，就穿這樣髒兮兮的衣服嗎？」

有的時候，紡車不夠用，我就用線陀繼續紡。我還在馬鈴薯上插筷子，發明簡易線陀用來紡線，受到老師的表揚。

看到我們紡出來的棉線被織成棉布，再被縫製成棉衣，準備送到前線去，我的心裏別提有多高興了。我也能為革命勝利貢獻力量了！

棉衣送走了，和我們給前線英雄寫的信一起被送走了。那封信，我寫了很久：

親愛的叔叔阿姨……你們在前線辛苦了。每次想到你們正在用自己的血肉保衛中華民族，我就總想到前方去，和你們一起拚命戰鬥，一起打倒敵人、迎接勝利！

可是老師告訴我們，好好學習、努力生產，這才是對你們最大的支持。現在，我不僅熱愛學習，還愛上了勞動，成為了紡線小能手。我們紡線、織布，做成這些棉衣，希望能給你們帶去溫暖，幫助你們戰勝寒冷，戰勝敵人。你們勇敢地戰鬥吧，我們會在後方盡一切力量支持你們！

在延安讀書和勞動的生活，有苦有累，但更多的是快樂。我們一起種地、讀書，一起在紡車的歌唱聲中長大！

◎責任編輯 楊紫東
◎裝幀設計 鄧佩儀
◎排　　版 鄧佩儀
◎印　　務 劉漢舉

百年記憶兒童繪本

紡車在歌唱

李東華｜**主編**　郭姜燕｜**文**　肖莉君｜**繪**

出版｜中華教育
香港北角英皇道 499 號北角工業大廈 1 樓 B 室
電話：(852) 2137 2338 傳真：(852) 2713 8202
電子郵件：info@chunghwabook.com.hk
網址：http://www.chunghwabook.com.hk

發行｜香港聯合書刊物流有限公司
香港新界荃灣德士古道 220-248 號荃灣工業中心 16 樓
電話：(852) 2150 2100　傳真：(852) 2407 3062
電子郵件：info@suplogistics.com.hk

印刷｜迦南印刷有限公司
香港葵涌大連排道 172-180 號金龍工業中心第三期 14 樓 H 室

版次｜2023 年 4 月第 1 版第 1 次印刷

規格｜12 開 (230mm x 230mm)

ISBN｜978-988-8809-62-2